Heike Meintzinger

Geographien von Unterentwicklung

Das Konzept der global commodity chains

GRIN Verlag

Bibliografische Information der Deutschen Nationalbibliothek:

Die Deutsche Bibliothek verzeichnet diese Publikation in der Deutschen National-
bibliografie; detaillierte bibliografische Daten sind im Internet über http://dnb.d-
nb.de/ abrufbar.

Impressum:

Copyright © 2008 GRIN Verlag GmbH
Druck und Bindung: Books on Demand GmbH, Norderstedt Germany
ISBN: 978-3-640-35802-1

Dieses Buch bei GRIN:

http://www.grin.com/de/e-book/129544/geographien-von-unterentwicklung

Universität Hamburg
Fachbereich Geowissenschaften
Institut für Geographie
Seminar: „Geographien ungleicher Entwicklung"
Verfasserin: Heike Meintzinger

Geographien von Unterentwicklung

Das Konzept der global commodity chains

Global commodity chains – globale Güterketten

1 Einleitung

Im Seminar „Geographien ungleicher Entwicklung" werden Fragestellungen zu räumlichen Prozessen von Entwicklung und Unterentwicklung behandelt. Ungleiche Entwicklungen erfolgen u. a. im Zusammenhang mit der Globalisierung (ZELLER 2007). Inwieweit die Globalisierung einen Nutzen für Entwicklungsländer mit sich bringt, hängt von der Wettbewerbsfähigkeit der Produzenten ab und unter welchen Bedingungen sie in globale Güterketten (*global commodity chains*) integriert sind. Wie können komplexe globale Güterketten analysiert werden? Eine Möglichkeit der Analyse bietet der *global commodity approach*.

Im Rahmen dieser Hausarbeit wird ein Überblick über das Konzept der *„global commodity chains"* gegeben. Danach werden *„global commodity chains"* unter Berücksichtigung von *governance*-Strukturen dargestellt und zum Schluss wird das *upgrading,* als eine Möglichkeit die Position eines abhängigen Unternehmens innerhalb einer globalen Güterkette zu verbessern, erläutert

2 Das Konzept der global commodity chains

2.1 Begriff

Der Ansatz der global *commodity chains* oder globalen Warenketten wurde von Gary Gereffi begründet (GEREFFI/KORZENIEWICZ 1994). Unter einer Warenkette versteht man die Verbindung vom Rohmaterial über die Herstellung bis zum Verkauf eines Produktes (KULKE 2004, S. 121). Gereffi befasst sich vor allem mit der globalen Verflechtung zwischen Industrie- und Entwicklungsländern. „A global commodity chain consists of sets of interorganizational networks clustered around one commodity or product, linking households, enterprises, and states to one another within the world-economy." (GEREFFI/KORZENIEWICZ 1994, S.2).

Als die bestimmenden Elemente der global *commodity chains* gelten (STAMM 2004, S. 15):

- Input-Output-Beziehungen, die als Ströme im Prozess der Wertschöpfung miteinander verknüpft sind;

- Raumstrukturen, verstanden als die geographische Konzentration oder Verteilung von Produktions- und Verteilungsnetzen, die aus einer Vielzahl von Unternehmen bestehen;
- *governance*-Strukturen, die als Herrschafts- und Machtbeziehungen darüber bestimmen, wie finanzielle, materielle und personelle Ressourcen innerhalb der Kette verteilt sind;
- ein institutionelles Gefüge, das die internationalen und nationalen Rahmenbedingungen für das Zusammenspiel der Kettensegmente liefert.

2.2 Bedeutung des global commodity chain-Konzeptes

Der Ansatz der *global commodity chain* bietet die Möglichkeit, die Integration der Entwicklungsländer in globale Güterketten zu analysieren und Chancen und Risiken zu bewerten. Er bietet ebenfalls Einblicke in die Bestimmungsfaktoren der Einkommensverteilung entlang der globalen Güterkette, aus denen gleichzeitig Handlungsoptionen abgeleitet werden können.

3 Governance-Strukturen von globalen Güterketten

Von den vier bestimmenden Elementen globaler Güterketten, die Gereffi entwickelte (s. Abschnitt 2.1), wurde insbesondere das Phänomen der *governance* thematisiert. Mit *governance (Macht, Steuerung)* sind hier die Machtverhältnisse zwischen Akteuren innerhalb von Beziehungssystemen gemeint. Durch diese ist der Zugang zu Märkten und Wissen und die Profitverteilung zwischen den Unternehmen determiniert (Kohlhaas 2007, S. 18). In Anknüpfung an die Dependenztheorie gilt *governance*) in globalen Güterketten als ein wichtiger Faktor zur Erklärung von ungleichen Entwicklungen. Dies bedeutet, dass einzelne Unternehmen in globalen Güterketten die Parameter setzen, nach denen sich die anderen Unternehmen in der Kette richten (STAMM 2004, S. 21). Gegenstände der Steuerung sind folgende Parameter (HUMPHREY & SCHMITZ 2002, KOHLHAAS 2007, S. 96ff.):

a) Vorgaben von Produktparametern die das Design und die Zusammensetzung des Endproduktes betreffen (Was wird produziert?). *(Bsp. Bekleidungsindustrie)*

4

b) Vorgaben von Prozessparametern hinsichtlich der zu verwendenden Produktionstechnologie und Qualitätssicherungssystemen sowie der einzuhaltenden Arbeits- und Ökostandards (Wie wird produziert?). *(Bsp.: ISO 9000, rugmark-Initiative gegen illegale Kinderarbeit, fair-trade)*

c) Vorgaben die die Logistik und die Produktionsplanung betreffen. (Wie viel und wann wird produziert?) *(just-in-time- Produktion in der Autoindustrie)*

Bezogen auf die Machtverhältnisse innerhalb der Beziehungen unterscheidet Gereffi zwei Grundformen von *commodity chains*: *buyer-driven commodity chains* (käuferorientierte Güterkette) und producer-*driven commodity chains* (produktionsorientierte Güterkette).

3.1 Buyer-driven commodity chains

Käuferorientierte Unternehmen, wie Markenproduzenten und Großhändler spielen eine wichtige Rolle für den Aufbau dezentraler Produktionsnetzwerke. Es handelt sich dabei um die Herstellung arbeitsintensiver Konsumgüter, wie Schuhe, Bekleidung, Möbel und Spielzeug. Die Käuferunternehmen lassen ihre Produkte anhand ihrer Vorgaben in den Entwicklungsländern herstellen und verfügen somit über einen sehr großen Einfluss auf die *backward linkages* (GEREFFI 1999, S. 2).

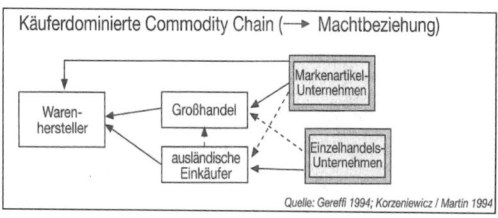

Quelle: Gereffi, /Korzniewicz, 1994; in Kulke Wirtschaftsgeographie 2004.

3.2 Producer-driven commodity chains

Produktorientierte Güterketten treten vor allem bei kapital- und technologieintensiven Produktionen von großen multinationalen Industrieunternehmen auf (z.B. Automobil-, Luftfahrt- und Computerindustrie), bei denen wenige Anbieter vielen Nachfragern gegenüberstehen. Diese besitzen großen Einfluss auf ihre Zulieferer und eine starke Position gegenüber dem Handel (GEREFFI 1999, S. 2).

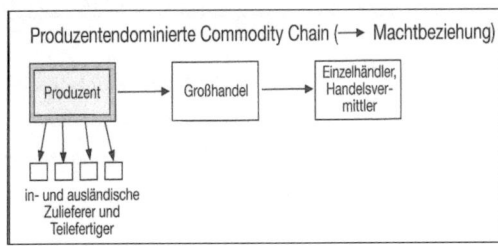

Quelle: Gereffi, /Korzniewicz, 1994; in Kulke Wirtschaftsgeographie 2004.

3.3 Formen der governance-Strukturen

Die von Gereffi eingeführte Unterteilung in zwei unterschiedliche *commodity chains* wurde immer wieder kritisiert. 2003 entwickelten GEREFFI/HUMPHREY/ STURGEON den *governance*-Ansatz weiter. *Governance* wird dort verstanden als eine Form der Koordination von Güterketten innerhalb des Kontinuums zwischen reiner Marktbeziehung und Hierarchie (STAMM 2004). Folgende Koordinationsformen können unterschieden werden:

- Märkte (*market model*): Dies ist die kostengünstigste Koordinationsform, wenn die Transaktionen in der Güterkette nicht sehr häufig sind, die Produkte standardisiert sind und nur wenige Informationen benötigt werden. Die zahlreichen Transaktionen können mit einer Vielzahl von Partnern durchgeführt werden.

- Modulare Güterkette (*modular commodity chain*): Diese entwickeln sich bei Produkten, die eine modulare Struktur aufweisen. Das bedeutet, dass ihre Elemente weitgehend unabhängig voneinander gefertigt und dann zusammengefügt werden. Die Zulieferer stellen die Produkte nach Angaben der Käufer her, aber sie behalten die volle Verantwortung.

- Relationale Güterkette (*relational commodity chain*): Hier finden komplexe Transaktionen zwischen Käufern und Lieferanten statt, die zu einer starken Abhängigkeit zwischen den Beteiligten führen. Die Funktion derartiger Ketten wird durch wechselseitiges Vertrauen gefördert.

- Gebundene Güterkette (*captive commodity chain*): In dieser Kette sind die Lieferanten von den Käufern abhängig. Typisch für diese Kette ist ein hohes Maß an Kontrolle durch *lead firms* (Leitungsunternehmen).

- Hierarchische Güterkette (*hierarchy model*): Hier finden Eigentumsverflechtungen der Käufer mit ihren Lieferanten statt, da die Transaktionen höchst komplex, häufig stattfinden und spezifische Investitionen erfordern (KULKE 2007, KOHLHAAS 2007).

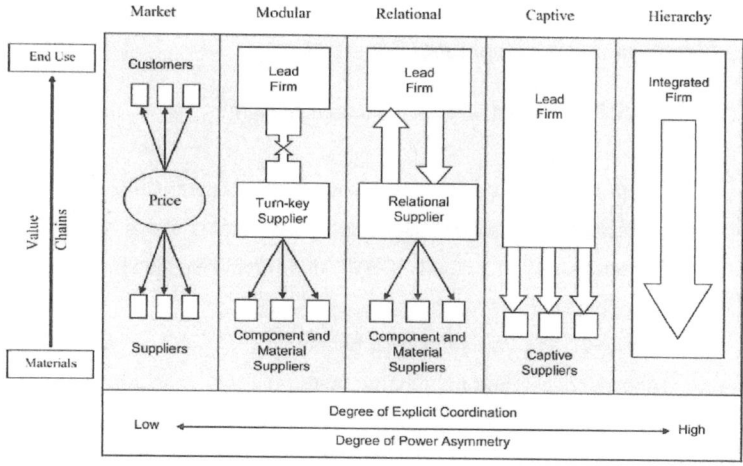

Quelle: Gereffi, Gary, Humphrey, John, Sturgeon, Timothy (2005), S. 89.

4 Upgrading

4.1 Begriff und Bedeutung

Für die Unternehmen der Entwicklungsländer hat die Einbindung in die Weltwirtschaft nicht zwangsläufig eine Steigerung des Wohlstandes und

Wirtschaftswachstum zur Folge. Sind die Grundlagen für die Öffnung nach außen hauptsächlich niedrige Lohn- und Sozialkosten, geringere Umweltstandards und günstige Rohstoffkosten, so könnte es, bei einem sich verschärfenden Wettbewerb, zu einem Verlust der Integration in die Weltwirtschaft kommen, der mit einer sozialen und ökologischen Verelendung verbunden wäre. Um diese Entwicklung abzuwenden, müssen die Unternehmen in den Entwicklungsländern in der Lage sein, ihre Prozesse, Produkte und Funktionen permanent zu verbessern (KOHLHAAS 2007, S. 13).

Upgrading bezeichnet in diesem Zusammenhang, inwieweit lokale Unternehmen ihre Position in globalen Güterketten dahingehend verbessern, dass sie in die Lage versetzt werden, wertschöpfungsintensivere Funktionen in der Kette zu übernehmen, sich weniger leicht substituierbar zu machen und sich somit einen größeren Anteil des erwirtschafteten Gewinns anzueignen (KARIN FISCHER, CHRISTOF PARNREITER 2007, STAMM 2004).

4.2 Determinanten des upgrading

Es werden vier Formen des *upgradings* unterschieden:

a) *Product upgrading:* die Herstellung höherwertigerer Güter.
   Beispiele: Der taiwanesische Hersteller „acer" stellte zuerst Computer-Komponenten her (sog. OEM) und produziert jetzt Notebooks unter eigenem Namen.
   Eine deutliche Wertsteigerung bedeutet die Umstellung der Produktion von Ananaskonserven in Ghana auf qualitativ hochwertige Frischware. (ENGELS 2005).

b) *Process upgrading:* Effizienz- bzw. Qualitätssteigerung durch Reorganisation von Produktionsprozessen oder durch die Einführung neuer Technologien. Dies kann durch Ausnutzung von bestimmten Kompetenzen geschehen, die man von einem Sektor in einen anderen übertragen kann. So kann die Fähigkeit, Fernsehbildschirme herzustellen, dafür genutzt werden, sich im Bereich der Computerbranche zu engagieren (Schierenberg 2003).

8

c) *Functional upgrading*: Übernahme komplexerer Arbeitsschritte (bspw. Übernahme des Marketings und des Vertriebs) mit höherem Wertschöpfungsanteil.

Beispiel: Brasilianische Schuhhersteller waren auf dem europäischen Markt wenig erfolgreich. Nach Besuchen auf deutschen und italienischen Schuhmessen richteten sie ihre Strategie verstärkt auf den lateinamerikanischen und afrikanischen Markt aus, womit sie ihren Umsatz erhöhen konnten (ENGELS 2005).

d) *Chain upgrading*: Wechsel zu einer höherwertigen Güterkette.

Beispiel: Der koreanische Automobilhersteller Kia Motors stellte früher Fahrräder her. Mit der Produktion eines Motorrades und eines Minilasters begründete Kia die koreanische Fahrzeugindustrie (www.kiapress.com).

Die Möglichkeit zum *upgrading* hängt von der Beschaffenheit des Marktes ab, dem Kompetenzniveau des Managements, der Haltung der *lead firm* und dem institutionellem Unternehmensumfeld (FISCHER, PARNREITER 2007).

5 Schlussbetrachtung

Der Ansatz der *global commodity chain* gilt als wichtiger Beitrag, um ungleiche Entwicklung und fortdauernde Unterentwicklung unter den Bedingungen der Globalisierung zu erklären (STAMM 2004, S. 8). Er bietet ein effektives Werkzeug zur Analyse der Güterketten, das „es erlaubt die traditionelle Raumblindheit der Wirtschaftswissenschaften zu überwinden" (FISCHER, PARNREITER 2007). Die wichtigste Erkenntnis aus diesem Ansatz ist, dass in Bezug auf zentrale Wirtschaftszweige der Zugang von Unternehmen aus Entwicklungsländern zu den großen und differenzierten Märkten nicht über den eigenständigen Export, sondern über die Integration in arbeitsteilig organisierten Güterketten erreicht werden kann (STAMM 2004, S. 18).

Literatur

Engels, Rainer (2005): Als Kettenglied zum Erfolg. In: Zeitschrift für Entwicklung und Zusammenarbeit (05).

Fischer, Karin/Parnreiter Christof (2007): Globale Güterketten und Produktionsnetzwerke- eines nicht staatszentrierter Ansatz für die Entwicklungsökonomie. In: Joachim Becker, Karen Imhof, Johannes Jäger, Cornelia Staritz (Hg.): Kapitalistische Entwicklung in Nord und Süd. Wien: Mandelbaum Verlag, 106-122.

Gereffi, Gary (1999): A Commodity Chains Framework for Analyzing Global Industries. IDS, http://www.ids.ac.uk/ids/globalconf/wkscf.html. Gary Gereffi hat den Begriff "global commodity chain" geprägt. In diesem paper erläutert er die buyer-driven commodity chains und die producer-driven commodity chains.

Gereffi, Gary/Humphrey, John/Sturgeon, Timothy (2005): The governance of global value chains. In: Review of International Political economy 12 (1), 78-104. http:// web.mit.edu/ipc/sloan05/GVC_Governance.pdf. Die Autoren sind bekannte Wissenschaftler, die sich mit der Erforschung der global commodity chains beschäftigen. Es geht hier um die ungleiche Machtverteilung innerhalb einer Güterkette. Die Autoren gehen hier vor allem auf die 5 Typen der Machtausübung ein und beziehen diese auf vier „case studies".

Gereffi, Gary/Korzeniewicz, Miguel (Hg.) (1994): Commodity Chains and Global Capitalism. Westport: Praeger, 1-14.

Humphrey, John/Schmitz, Hubert (2002): Developing Country Firms in the World Economy: Governance and Upgrading in Global Value Chains. http://inef.uni-due.de/page/documents/Report61.pdf. Die beiden Autoren schreiben für das Duisburger Institut für Entwicklung und Frieden über governance in gobal commodity chains. Sie befassen sich vor allem mit der Auswirkung von governance auf die Entwicklungspolitik.

Kohlhaas, Jens (2007): Upgrading in der Möbelherstellung in Lecong und Longjiang (VR China). In: Kölner China-Studien Online, http://www.china.uni-koeln.de/papers/pwg_liste.html. In den „Kölner China-Studien Online" werden Arbeitspapiere zu Politik, Wirtschaft, und Gesellschaft Chinas veröffentlicht, die im Rahmen der „Modernen China Studien" am Ostasiatischen Seminar der Universität Köln erstellt werden. Die vorliegende Studie analysiert die wirtschaftliche Stellung der chinesischen Möbelindustrie auf theoretischer und empirischer Ebene. Es werden die theoretischen Hypothesen zum Upgrading anhand eines konkreten Beispiels überprüft. Der Autor ist Projektmanager einer Transport- und Logistikfirma.

Kulke, Elmar (2004): Wirtschaftsgeographie. Paderborn: Ferdinand Schöningh.

Kulke, Elmar (2007): The Commodity Chain Approach in Economic Geography. In: Die Erde (2). Berlin: 117-126.

Schierenberg, Kristin (2003): Fairer Handel in der Globalisierung. Möglichkeiten von Upgrading für tansanische Kaffeeproduzenten. http://sept.dl.uni- leipzig.de. Bei dieser Arbeit handelt es sich um eine Magisterarbeit, die die Ungleichverteilung von Gewinnen in der Kaffeewertschöpfungskette mit Hilfe des Ansatzes der global commodity chains untersucht.

Stamm, Andreas (2004): Wertschöpfungsketten entwicklungspolitisch gestalten. Anforderungen an Handelspolitik und Wirtschaftsförderung. Eschborn: GTZ.

Zeller, Christian (2007): Direktinvestitionen und ungleiche Entwicklung. In: Joachim Becker, Karen Imhof, Johannes Jäger, Cornelia Staritz (Hg.): Kapitalistische Entwicklung in Nord und Süd. Wien: Mandelbaum Verlag, 123-142.

Internet:

http://www.acer.com 28.01.2008

http://www.globalvaluechains.org 25.01.2008. Die Global Value Chain Initiative ist ein Netzwerk von Wissenschaftlern (G. Gereffi, J. Humphrey, T. Sturgeon), die sich mit globalen Güterketten beschäftigen.

http://www.commerce.uct.ac.za/Research_Units/DPRU/Conf2003PDF/p_barnes_kap linsky_morris.pdf 27.01.2008. Bei diesem paper, der University of Cape Town, handelt es sich um eine Untersuchung über die Wettbewerbsvorteile der Südafrikanischen Automobilindustrie. Die Autoren sind international bekannte Wissenschaftler, die sich mit dem Thema global commodity chains beschäftigt haben.

http://www.kiapress.com/index.php?PHPSESSID=363f3e87d5ff5c1e48c0ae4f7c652f 29&kategorie=1163 27.01.2008